W0174561

Sprachfibel der Nutztiere

Ausgewählte bebilderte Lautäußerungen

Copyright © 2023 DIE SEITE Verlag & Medien GmbH, Eckernförde

Das Werk, einschließlich aller seiner Teile, ist urheberrechtlich geschützt.

Jede Verwertung ist ohne Zustimmung der Urheber unzulässig.

Das gilt insbesondere für Vervielfältigungen, Übersetzungen, Mikroverfilmungen

und die Einspeicherung und Verarbeitung in elektronischen Systemen.

Herausgeber: Arche Warder – Zentrum für alte Haus- und Nutztierrassen e.V.

Langwedeler Weg 11, 24646 Warder, www.arche-warder.de

Verlag: DIE SEITE Verlag & Medien GmbH

Carlshöhe 27, 24340 Eckernförde, www.die-seite-verlag.de

Lektorat: Anneke Fröhlich, Lindau

Cover, Satz, Gestaltung: Anja Germanova, Kiel

Illustrationen: Elise Breitsprecher, Kiel

Fotos: Elise Breitsprecher (128 u.l.), Anja Germanova (128 o.r.), Lisa Iwon (124, 125 o.l.+m., 126, 127 o.l.+u.l.), Anabell Jandowsky (125 o.r., 127 u.m.+r.), Beate König (128 o.l.), Johanna Küper (128 m.l.), Anna Leste-Matzen (128 u.r.), Frederik Röh (128 m.r.), Petra-Ulrike Schulze (127 o.m.+r.)

Druck und Bindung: westermann DRUCK | pva

Printed in Germany, CO2-Kompensation Druckprodukt mit FirstClimate.com, ID 310009688

ISBN 978-3-9825999-0-8

FSC
www.fsc.org

RECYCLED
Papier aus
Recyclingmaterial
FSC® C009717

DIE SEITE
Verlag & Medien GmbH

SPRACHFIBEL DER NUTZTIERE

Ausgewählte bebilderte Lautäußerungen

Prof. Dr. Dr. Kai Frölich und Dr. Anabell Jandowsky
Illustriert von Elise Breitsprecher

INHALT

TIERE UND SPRACHE

Der Buchtitel „Sprachfibel der Nutztiere" legt es nahe: Tiere können sprechen. Doch was heißt „sprechen" genau? Sprache ist deutlich mehr als das, was wir hören können. Menschen und Tiere kommunizieren auf unterschiedliche Weise – mit Lauten, aber auch nonverbal mit ihrer Mimik und Körperhaltung.

Dieses Buch konzentriert sich vorwiegend auf die akustischen Signale (Vokalisationen) bei verschiedenen Tierarten in unterschiedlichen Situationen. Oft wird von Besucherinnen und Besuchern eines Tierparks die Frage aufgeworfen: „Was will das Tier damit sagen?" Dieser Frage haben wir uns angenähert und möchten dazu einladen, den Tieren zuzuhören, neue Erkenntnisse zu gewinnen, aber auch der Versuchung zu widerstehen, allzu vorschnell vermenschlichende Schlüsse zu ziehen.

Auf den folgenden Seiten werden die häufigsten Lautäußerungen ausgewählter Nutztierarten in Bildern und Texten erläutert und somit für uns Menschen verständlich gemacht. Die Basis dafür bildet unter anderem die intensive Analyse und Bewertung zahlreicher wissenschaftlicher Veröffentlichungen, die sich mit der Kommunikation von Tieren auseinandergesetzt haben. Die wesentlichen Erkenntnisse daraus werden in dieser Fibel anschaulich und allgemeinverständlich zusammengefasst.

WAS IST SPRACHE?

Was unterscheidet uns von den Tieren? Vermutlich würde man antworten: die Sprache. Menschen können komplexe Konstrukte aus Sprachlauten und Grammatik verwenden. Die Syntax, also die Zusammensetzung von Wörtern oder Wortgruppen zu Sätzen, ist ein Merkmal menschlicher Sprache. Die menschliche Sprache beruht auf einem kategorialen System, in dem wir Wörter, die für uns bedeutsam sind, definieren und Fragen, die uns beschäftigen, bewerten. Könnten Tiere sprechen, wäre immer noch die Frage zu klären, ob sie uns verstehen würden, wenn wir in unseren Kategorien und über menschliche Fragen sprechen, und umgekehrt genauso.

Der evolutionäre Ursprung der menschlichen Sprache ist bis heute nicht eindeutig geklärt. Seit Jahren beschäftigt sich die Wissenschaft mit diesem Thema. Mittlerweile ist es Paläontologen und Anthropologen anhand von Skelettfunden gelungen, die Veränderungen in der Physiologie der Urmenschen zu ermitteln, die es ihnen ermöglichte, Worte und Sätze zu formulieren. So hat sich zum Beispiel der Rachenraum im Laufe der Entwicklung vergrößert, sodass die Zunge mehr Platz und Beweglichkeit hat, um Laute zu bilden.

Dies bot einen evolutionären Vorteil. Zudem ist der Mensch, im Gegensatz zum Schimpansen, in der Lage, seinen Atem bewusst zu kontrollieren – eine wichtige Voraussetzung für die Ausbildung einer differenzierten Lautsprache, deren Entwicklung in der menschlichen Stammeslinie vor etwa zwei Millionen Jahren ihren Anfang nahm. Im weiteren Verlauf der sprachlichen Ausdifferenzierung wurden dann einzelne Wörter zu Sätzen zusammengefügt. Ermöglicht wurde dies durch die allmähliche Ausdifferenzierung bestimmter Hirnareale, die koordinierte Lippen- und Zungenbewegungen steuern.

Bei Pflanzenfressern wie Ziegen, Schafen, Rindern, Eseln und Pferden ist aus anatomischen Gründen die motorische Kontrolle über den Kehlkopf geringer ausgebildet als beim Menschen. Diese Tiere produzieren deshalb auch weniger variationsreiche Laute als zum Beispiel Schweine, die aufgrund ihrer Kehlkopfanatomie ein größeres Vokalisationspotenzial haben.

Die Tatsache, dass Affen keine differenzierte Lautsprache entwickelten, liegt nicht nur an den mangelnden anatomischen Voraussetzungen im Rachenraum, sondern auch an der fehlenden Verschaltung relevanter Bereiche ihres Gehirns. Aktuelle Forschungen rund um die Lautgebung von Menschenaffen konnten aufzeigen, wo genau im Gehirn die Unterschiede zwischen Menschen und Affen bestehen und welche spezifischen Strukturen die Grundlage für die hochentwickelte Lautsprache des Menschen bilden.

WIE UND WARUM KOMMUNIZIEREN TIERE?

Diese Frage fasziniert die Wissenschaft seit Langem. Tiere kommunizieren auf vielen verschiedenen Wegen – neben Lauten sind Körpersprache, Duftstoffe oder auch auffällige Farbsignale zu nennen. Es gibt intensive Forschungen, die versuchen, die Funktionen tierlicher Lautäußerungen zu entschlüsseln. Grundsätzlich lässt sich sagen: Ein Tier kommuniziert, um einem anderen Tier etwas mitzuteilen. Dies kann eine Information über einen Futterplatz sein, eine Warnung vor Feinden, eine Besänftigung, ein Kontaktlaut in der Mutter-Kind-Beziehung und Ähnliches mehr. Wichtig ist, dass wir Menschen uns bewusst machen, dass wir die Lautgebung der Tiere zwar oft, aber eben nicht immer hören können. Manchmal gelingt dies nur mit Hilfsmitteln, manche Laute bleiben uns ganz verborgen. Töne im Infraschallbereich mit einer Frequenz von unter 20 Hertz werden unter anderem von Elefanten, Nilpferden, Walen oder Mäusen verwendet und sind für uns nicht hörbar. Und auch im Ultraschallbereich (über 20.000 Hz) gibt es Laute (etwa von Fledermäusen), die unser Gehör nicht erfassen kann. Weitere wichtige Parameter zur Einteilung von Lautgebungen sind neben der Frequenz auch deren Intensität und Dauer.

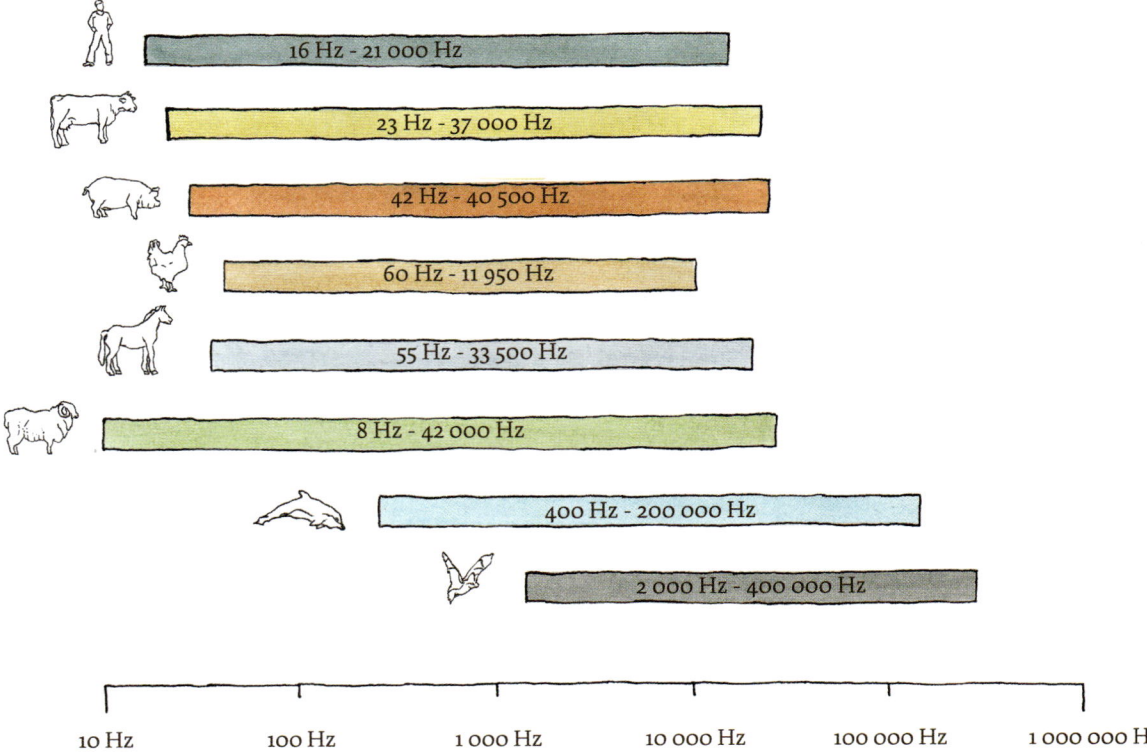

Einige Tiere wie Papageien oder Rabenvögel können Lautfolgen wie Menschen nachahmen. Ob diese Tiere sowie nichtmenschliche Primaten eine der menschlichen Lautsprache ähnliche Sprache kennen und mit ihrer Hilfe kommunizieren, wird diskutiert. Fest steht: Die oft simplen akustischen Signale der Tiere scheinen zwar im Vergleich zur ausgefeilten menschlichen Lautsprache wenig zu vermitteln, doch der Schein trügt. Auch Tiere teilen sich mithilfe von Lautäußerungen mit. Tonhöhe und Klang der Tierstimmen verraten dabei, ob Frosch, Affe, Vogel und Co. entspannt oder aufgeregt sind. Diese Unterschiede sind sogar oft für den Menschen hörbar. Untersuchungen an Grünen Meerkatzen ergaben zum Beispiel, dass diese Art unterschiedliche Warnrufe für Feinde am Boden und in der Luft verwendet, die auch von anderen Arten in ihrer Bedeutung verstanden werden.

Die Laute vieler Tiere sind als Schutz- und Bindungselement überlebenswichtig. Die anatomischen und physiologischen Grundlagen für die lautliche Kommunikation sind angeboren – so wie das „Schreien" der Neugeborenen nach ihren Eltern. Aber nicht alles ist von Geburt an vollständig ausgeprägt: Jungtiere lernen erst mit der Zeit, akustische Signale so einzusetzen, dass sie mit anderen kommunizieren können. Sie müssen auch lernen, spezielle Laute bestimmten Situationen zuzuordnen und die Elterntiere oder Gruppenmitglieder an deren Stimme zu erkennen.

Wie ausgeprägt und komplex die Lautgebung bei verschiedenen Tierarten ist, hängt vor allem von zwei Faktoren ab: Zum einen spielt das soziale System, in dem die Tiere leben (in Gruppen oder Herden, als Paar oder Einzelgänger) eine entscheidende Rolle. Die Kommunikation ist also ein Ausdruck der sozialen Strukturen. Je sozialer eine Tierart lebt, desto häufiger und vielfältiger äußern sich die Individuen. Besonders kommunikationsfreudig sind dabei sozial lebende Tiere wie Vögel, viele Primaten oder Delfine.

Zum anderen ist das Habitat, in dem die Tiere leben, von Bedeutung. In einer waldreichen Umgebung zum Beispiel entwickelt sich die Kommunikation anders als bei Tieren, deren Lebensraum offene Landschaften sind. Wildschweine, die in Gruppen in dichtem Wald leben, haben eine gut entwickelte Lautgebung. Pferde, die ursprünglich in offenen, weitläufigen Landschaften zu Hause sind, haben weniger Variationen in der Lautgebung, kommunizieren dafür aber mehr über optische Signale.

Wer gut zuhört, erfährt durch die Art der Vokalisation viel über die Motivationslage eines Tieres. Das bedeutet: Ist das Interesse an einem Stimulus (einer Futterquelle, einem Artgenossen) niedrig, wird auch die Intensität und Häufigkeit der Lautgebung gering sein. Bei großem Interesse sind die Rufe länger und lauter und werden häufiger wiederholt.

LASST DIE TIERE TIERE SEIN

Bei einem Blick in die populäre Literatur zu Lautäußerungen von Tieren findet man immer wieder stark vermenschlichende Interpretationen. Und jeder, der ein Haustier hält, wird tagtäglich dazu verleitet, Laute, Bewegungen und Verhaltensweisen des Tieres aus menschlicher Sicht zu deuten. So werden Emotionen und menschliche Eigenschaften in ein bestimmtes Verhalten oder eine Lautäußerung von Tieren hineininterpretiert. Die Schlüsse, die daraus gezogen werden, können zwar stimmen – sie können aber auch vollkommen falsch sein. Im harmlosen Fall kommt es nur zu Fehleinschätzungen und Irrtümern, doch schlimmstenfalls kann eine solche Vermenschlichung auch dem Wohl des Tieres schaden. Diese Sprachfibel stützt sich deshalb strikt auf wissenschaftlich fundierte Quellen, soll möglichst frei von Deutungen „aus dem Bauch heraus" sein und fokussiert sich auf das bislang entschlüsselte Verhalten sowie die entsprechenden Lautäußerungen. Eine kleine Auswahl lesenswerter wissenschaftlicher Literatur zu dem Thema ist auf Seite 128 zusammengestellt.

KÖNNEN TIERE „FREMDSPRACHEN" LERNEN?

Tiere verständigen sich mit ihren Artgenossen über artspezifische Laute. Lange blieb ungeklärt, ob sich Tiere auch über die Grenzen fremder Arten hinweg verständigen können. Die Fähigkeit, Sprache an das soziale Umfeld anzupassen, galt nämlich bislang als menschliche Eigenschaft. Doch inzwischen ist dies zumindest für bestimmte Tierarten widerlegt. So verwenden Orca-Wale in ihren sozialen Gruppen ein komplexes akustisches Vokabular durch Klicks, Pfeiftöne und gepulste Rufe. Dabei gibt es in den verschiedenen Populationen verschiedene Dialekte. Aber sie entwickeln nicht nur Sprachvariationen innerhalb ihrer sozialen Gruppen. Leben sie längere Zeit mit Delfinen zusammen, passen sie ihre Lautäußerungen an die ihrer artfremden Beckengenossen an. Dies demonstriert, dass Orcas das vokale Lernen beherrschen und dass sie von sich aus die Spracheigenheiten einer fremden Art übernehmen können.

Auch Primaten können ihre Sprache an tierische Verwandte anpassen: Affen derselben Art aus zwei verschiedenen Zoos freundeten sich an, nachdem sie vergesellschaftet wurden, und passten ihre Laute aufeinander an. So sind die Rufe der Menschenaffen nicht nur instinktiv und funktional, sondern auch sozial geprägt.

Einige Tierarten verstehen zudem Teile der menschlichen Sprache. Insbesondere Haustiere wie Hunde können durch die jahrtausendealte Koevolution mit den Menschen viele menschliche Worte lernen und ihre Bedeutung verstehen. Auch Wildtiere wie Affen und Papageien können Wörter lernen. Dabei assoziieren sie ein abstraktes Symbol oder einen akustischen Reiz mit einem Objekt.

WARUM IST ES WICHTIG, TIERE ZU VERSTEHEN?

Zunächst einmal ist es einfach interessant zu erfahren, inwiefern sich die menschliche Sprache mit der tierischen Kommunikation überschneidet. Wir möchten gern verstehen, wie Tiere sich unterhalten, und es wäre schön, ihre „Kommunikationscodes" zu knacken.

Das Verstehen der Lautäußerungen von Nutztieren kann darüber hinaus wichtige Informationen darüber liefern, wie der Gesundheits- und Gemütszustand eines Tieres ist, ob es etwa unter Stress leidet oder ob es sich wohlfühlt. Artgenossen bekommen mittels der Lautgebungen aussagekräftige Informationen über das Tier, das den Laut ausstößt. Wenn auch wir Menschen lernen, diese Informationen richtig zu interpretieren, können wir dies zur Verbesserung des Haltungsmanagements und Tierwohls nutzen. Deshalb ist es für das Tierwohl wichtig, tierische Lautäußerungen richtig zu deuten.

Das bedeutet etwa, dass ein System zur Ruferkennung im Kuhstall dem Landwirt helfen könnte, seine Tiere zu überwachen und Maßnahmen zu ergreifen, die zur Verbesserung ihres Wohlbefindens notwendig sind. Dies ist nicht nur ethisch relevant, sondern hat in der Nutztierhaltung auch unmittelbar einen positiven wirtschaftlichen Effekt, denn ein Tier, das gesund und zufrieden ist, ist leistungsstärker als ein krankes, gestresstes Tier.

Der Schlüssel zum Verständnis der „Tiersprache" ist auch der Schlüssel zu einem besseren Umgang mit den Tieren. Lautäußerungen zu erkennen, die ein Wohlbefinden oder ein Unwohlsein eines Tieres signalisieren, bilden die Grundlage für den Erhalt einer guten Tiergesundheit. Dies gilt im Nutztierbereich ebenso wie bei Heimtieren und bei Tieren, die in Tierparks und Zoos gehalten werden.

Diese Sprachfibel der Nutztiere soll einen Beitrag dazu leisten, allen Menschen, die sich für Tiere interessieren, neue Einblicke in die Sprache der Tiere zu ermöglichen. Wer seine Sinne schulen und sich beim Beobachten und Zuhören der Tiere Zeit nehmen mag, wird so manches sehen und vor allem hören, was sonst vielleicht im Verborgenen geblieben wäre.

DAS HUHN

Hühner sind Busch- und Bodenbewohner, die erhöht sitzen und scharren wollen. In den 1920er-Jahren wird das erste Mal die sogenannte „Hackordnung" beim Haushuhn beschrieben. 30 Jahre später folgen erste Aufzeichnungen zur Lautgebung. Kognitive oder wahrnehmungsbezogene Fähigkeiten haben sich trotz Domestikation im Vergleich zur Wildform, dem Bankivahuhn aus Südostasien, nicht wesentlich geändert.

Die vielfältigen Lautäußerungen sind angeboren. Veränderung durch Lernen tritt, anders als bei manchen Singvögeln, nicht auf. Die Kommunikation beim Huhn findet visuell und akustisch statt. Bis zu 24 Rufe werden unterschieden. Ähnlich wie menschliche Worte beziehen sie sich auf bestimmte Ereignisse und Objekte.

Die Basis der Lautgebung bilden die Funktionskreise „Wohlbefinden" und „Not/Leiden": Sein Wohlbefinden drückt das Huhn mit eher höheren Frequenzen aus. Typisch sind sich wiederholende Töne in sehr schneller Abfolge. „Notrufe" sind durch eher absteigende Töne, die tiefere Frequenzen erreichen, gekennzeichnet. Sie sind insgesamt lauter und haben eine langsamere Abfolge der Töne.

FUTTERRUF DER HENNE

Im Gegensatz zum gleichmäßigen Lockruf besteht der nicht paarige Futterruf aus unregelmäßigeren und schnelleren Tönen. Er soll die Küken dazu bringen, zur Henne zu laufen, weil sich dort die Futterquelle befindet.

cluck

cluck

cluck

cluck

cluck

FUTTERRUF DES KÜKENS

whee whee whee whee u

Wohlbehagen der Küken wird durch klare, harmonische Töne ausgedrückt; sie haben eine tiefere Frequenz als das Piepsen. Dieser Laut ist zum Beispiel zu hören, wenn die Küken gefüttert oder bebrütet werden.

whee whee

LOCKRUF DER HENNE

Wenn Küken von der Henne getrennt werden und die Henne außer Sicht ist, piepsen sie laut. So nehmen sie wieder Kontakt zum Muttertier auf. Auch bei Hunger und Kälte oder wenn Küken sich erschrecken ist das Piepsen zu hören.

whee whee
whee whee whee

cluck
cluck

cluck
cluck

whee

whee
whee

Ist die Henne in Bewegung, gackert sie und animiert auf diese Weise die Küken, ihr zu folgen. Jedes Gackern besteht aus zwei gepaarten Tönen, die Tonfrequenz ist eher niedrig. Die Küken antworten mit Piepsen.

LOCKRUF
DES HAHNS

go
gog
gog

gog gog
og gog gog
gog

Der Lockruf des Hahns gegenüber der Henne klingt aufgeregt, und die Töne werden tiefer, fast stotternd, wenn sich die Henne nähert. Den gleichen Ruf benutzt der Hahn beim Umwerben der Henne. Dabei tanzt er mit mehr oder weniger abgespreizten Flügeln um sie herum.

KRÄHEN DES HAHNS

Das Krähen des Hahns dient als Territorialverhalten, um andere Hähne zu vertreiben und Hennen zu beeindrucken. Hähne führen regelrechte „Krähduelle" durch. Sie können von Rasse zu Rasse sehr unterschiedlich klingen. Das Krähen ist mit einem stereotypen Strecken des Kopfes nach vorn und oben verbunden.

Ki ki ri kiiiiiiiii

HENNE HAT EIN EI GELEGT

Eine Henne, die gerade ein Ei gelegt hat, tut dies mit lautem Gegacker kund, wobei typischerweise mehreren kurzen Lauten ein längerer Laut folgt. Für die Funktion dieses Lauts gibt es bisher keine eindeutige wissenschaftliche Erklärung.

boOOOOOock

bock

bock

bock

bock

bock

STÖRUNGS- ODER SCHMERZSCHREI

Uá!

Wenn eine Henne plötzlich eine andere Henne pickt, wird ein „Störungs-schrei" abgegeben. Die Frequenz ist sehr variabel, die Töne sind kurz und abrupt. Die Lautstärke ist nicht so hoch wie bei einem „Alarmschrei".

ALARMSCHREI BEI FEIND AM BODEN

cut cut cut
cut cut cut
KAAAAH

Nähert sich ein Feind am Boden, wie hier der Marder, wird dies mit mehreren kurzen und zum Schluss einem längeren Laut gut hörbar kundgetan, um Artgenossen zu warnen. Wird die Situation gefährlich und ist es den Hühnern möglich, flattern sie auf.

ALARMSCHREI BEI FEIND AUS DER LUFT

Anders als bei einem Angriff durch einen Bodenfeind wird bei einem Angriff durch einen Greifvogel aus der Luft ein explosiver Schrei ausgestoßen. Er ist laut, impulsiv, schrill, recht kurz und wird auch wiederholt.

KAAH KAAH KA

H

DIE GANS

Gänse zeichnen sich durch eine besonders enge Bindung zueinander aus. Im Mittelpunkt der sozialen Gemeinschaft steht das Elternpaar mit seinen Gösseln. Bei einigen wild lebenden Graugänsen ist die feste Einehe üblich. Durch die Domestikation lockerte sich diese Bindung, sodass bei domestizierten Gänsen, die als Weidetiere leben, mehrere weibliche Tiere mit einem Ganter als soziale Einheit oder als Zuchtstamm auftreten. Während der Jungtieraufzucht bilden sich kleine Familiengruppen.

Gänse sind hochsoziale Tiere. Sie kommunizieren mit zahlreichen Lauten und Körpergesten miteinander – vor allem während der Brutzeit im Frühjahr, wenn sie ihr Gelege und ihr Territorium verteidigen.

GANTER VERTEIDIGT FAMILIE

Der Ganter hält stets Wache und positioniert sich als schützendes Schild vor seiner Familie, während die Gans mit den Gösseln grast. Nähert sich eine mögliche Bedrohung, versucht der Ganter, sie durch Drohgebärden zu verjagen: Zunächst gibt er warnende Zischlaute mit lang noch vorn gestrecktem Hals von sich. Hilft das nicht, beginnt er mit laut schallendem Gänsegeschrei, in das dann auch die weiteren Familienmitglieder einstimmen. Zusätzlich breitet er seine Flügel aus, um größer und gefährlicher zu wirken. Kommt der Feind dennoch näher, ergreift die Familie die Flucht, während der Ganter mit heftigen Flügelschlägen versucht, den Eindringling zu verjagen.

SSCHHH

ALARMSCHREI BEI STÖRUNG

ÄGÄ
GÄ
GÄÄH

Sind Gänse durch eine Störung oder einen möglichen Feind aufgebracht, schnattern sie laut. Als Warnhaltung ist das Hochrecken von Hals und Kopf anzusehen; es geht mit einem schrillen Warnruf einher.

DAS SCHWEIN

Das Schwein ist „ein Rüssel auf vier Beinen". Schweine sind mit einem entsprechend sehr guten Geruchssinn ausgestattet. Aber auch der Tastsinn sowie das Hörvermögen dieser sozialen Tiere sind ausgezeichnet. Zur Kommunikation in der Gruppe benutzen sie akustische Signale, die sich beim Hausschwein nicht maßgeblich von denen der Wildschweine unterscheiden. Die Lautgebung enthält unter anderem Informationen über die Identität, den Aufenthaltsort und die Körpergröße des Schweins.

Bis zu 20 verschiedene Grunzlaute wurden inzwischen wissenschaftlich identifiziert. Zum Teil sind sie genauer untersucht, wie etwa die Kommunikation zwischen Muttertier und Ferkel, zum Teil ist die Bedeutung aber noch ungeklärt. Lärm im Stall kann die akustische Kommunikation massiv stören. Zudem nehmen die Tiere hochfrequente Töne viel empfindlicher wahr als der Mensch.

Die Laute der Schweine können grob nach der Länge der Töne eingeteilt werden. Eine weitere Einteilung erfolgt in hohe und tiefe Frequenzen. Quieken und Schreie sind hochfrequente Töne, die bei Angst produziert werden, um Artgenossen zu warnen. Das Grunzen und niederfrequente Töne, die in vielen Situationen geäußert werden, dienen als Kontaktruf. Einzelne Tiere haben sogar persönliche Frequenzen und Klangmuster.

KONTAKTAUFNAHME ZUR BEGRÜSSUNG

Grunzlaute sind ein enorm wichtiges und in ihrer Frequenz sowie Lautstärke vielfältiges Kommunikationsmittel unter Schweinen. Lautes Grunzen ist zum Beispiel mit Gefahr oder Dominanzverhalten assoziiert. Leises Grunzen ist von Sauen zu hören, wenn sie ihre Ferkel säugen. Wiederholtes, schnelles und kurzes Grunzen wird als „greeting call" („Begrüßung") von Artgenossen, aber auch von Menschen bezeichnet. Ein Schwein, das gekratzt oder geschubbert wird, bringt sein Wohlgefühl durch ein „Behagensgrunzen" zum Ausdruck.

gruw
gruw
gruw
gruw

KONTAKTAUFNAHME BEI ISOLATION

Wird ein Ferkel von der Mutter isoliert, gibt es sogenannte Kontaktgrunzer ab. Aber auch in anderen Situationen, wie beim Zusammentreffen nach Trennung oder beim Zusammenkuscheln, sind einzelne kurze, tiefe und geräuschvolle Töne zu hören.

oink
oink
oink
oink

SAU SÄUGT FERKEL

grrrrow

grrrrow

grrrrow

Die verschiedenen Laute der Sau während des Säugens scheinen als diskrete Signale zu wirken, die das Verhalten der Ferkel beeinflussen und synchronisieren. Rhythmische Grunzlaute in gleichbleibender mittlerer Tonhöhe rufen die Ferkel zusammen, wenn die Sau zu säugen beginnt. Auch die Lautäußerungen der Ferkel dienen vermutlich sowohl der Kommunikation innerhalb des Wurfes als auch mit der Sau. Mit schnellen, weichen Quieklauten und tiefen Grunzern ermuntern die Ferkel ihre Mutter, sich zum Säugen hinzulegen.

FERKEL SCHREIT BEI BEDROHUNG

Quuiiii

Ansteigende, hohe und lange Schreilaute bei kleinen Ferkeln sind ein Ausdruck von Schmerzen oder Angst. Werden Ferkel unter der Sau eingeklemmt oder von einem Menschen hochgehoben, schreien sie. Die Muttersau reagiert darauf mit erhöhter Aggressivität gegenüber dem Menschen. Der Unterschied zum Grunzen und Quieken ist deutlich zu hören.

Quuiiiiiiiiiiiiiiiek
iek

FERKEL BELLT BEIM SPIELEN

Ferkel geben bellende Laute von sich, wenn sie plötzlich überrascht werden, aber auch, wenn sie spielen. Je nach Situation werden Unterschiede in der Mikrostruktur der Töne angenommen. Sauen, Eber und Ferkel grunzen in unterschiedlichen Frequenzhöhen.

wuff

wuff

wuff

SAU VERTEIDIGT FERKEL

Ein tiefes Brummen ist bei Schweinen als Dominanzlaut oder Warnlaut zu hören, bevor Aggressivität folgt. Eine Sau nutzt ihn zum Beispiel, wenn ein Mensch oder ein fremdes Schwein ihren Ferkeln zu nahe kommt. Auch beim Zusammentreffen zweier Eber oder beim Eindringen eines Ebers in einen Gruppenverband wird das Brummen eingesetzt. Zum Drohen bewegt sich das Tier typischerweise mit offenem Maul nach vorn schnappend auf den Gegner zu. Aggressivität wird dabei ausgedrückt, indem die Haare gesträubt und die Ohren nach vorn gestellt werden. Die Gliedmaßen wirken steif, das Tier stößt ruckartig vor und steigert das Brummen in tiefe Brülllaute.

grrrrr

SCHWEIN BELLT BEI ÜBERRASCHUNG

Einer der häufigeren Laute beim Schwein ist ähnlich wie das Hundebellen ein kurzer Laut. Er wird mit geöffnetem Maul meist nur einmal, selten zwei- oder dreimal abgegeben. Zum einen dient er als Alarmruf oder Verteidigungslaut ohne starke Erregung, wenn das Schwein überrascht oder gestört wird. Andere Gruppenmitglieder werden dadurch in Alarmbereitschaft versetzt. Außerdem warnt eine Sau ihre Ferkel. Darüber hinaus setzen rivalisierende Eber diesen Laut ein.

SCHWEIN QUIEKT BEI STRESS

Beim Quieken handelt es sich um einen Stress- oder Unterwerfungslaut, unter Umständen auch um eine Schmerzäußerung. Ein Zusammenhang zwischen hohen Quiektönen und der Ausschüttung von Stresshormonen wurde nachgewiesen. Das Quieken als lauter, sehr hoher und durchdringender Ton, der wiederholt wird, bis die Situation nachlässt, tritt vorwiegend bei jungen oder unterwürfigen Tieren auf. Der Laut ist oft während der Fütterung zu hören, wenn ein Tier vom Futter weggedrängt wird.

Quiiek

SCHWEIN ERWARTET FUTTER

growuiiiiiek

grow

grow

quiiiik

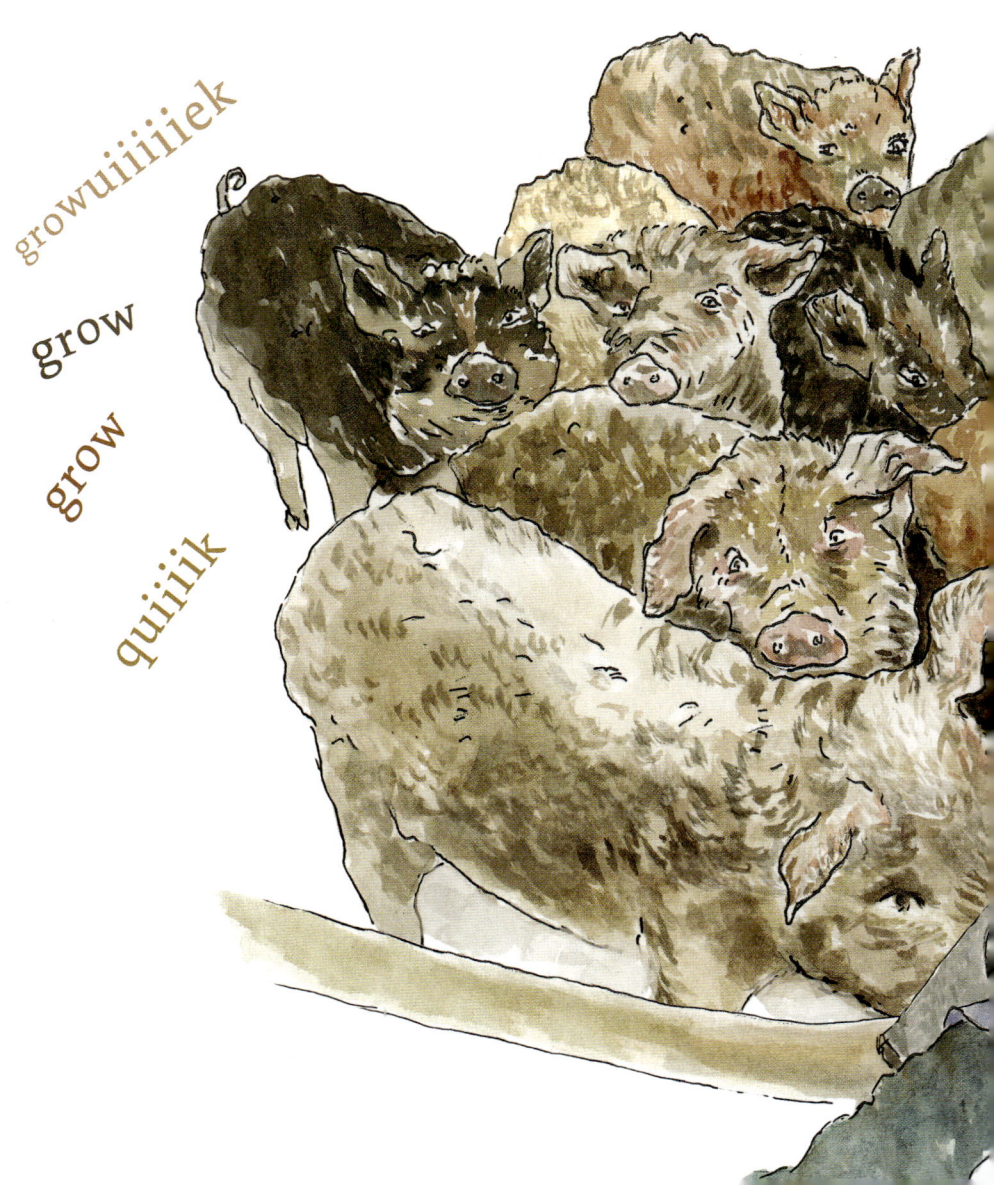

Als Hungerlaut wird der Schrei bezeichnet, den Schweine hören lassen, wenn sie in Erwartung von Futter sind. Der Ton ist hell und ziemlich gleichförmig in der Melodie, wobei es individuell unterschiedliche Klangfarben gibt.

grow

quiiek

grow

quiiiiek

growuiiiiek

EBER BEGEGNEN SICH

Beim Zähneklappern handelt es sich nicht um eine Lautgebung im engeren Sinne. Der Laut wird durch schnelles Aufeinanderschlagen von Ober- und Unterkiefer und somit durch ein Aneinanderreiben der Zähne bei heranwachsenden oder erwachsenen Ebern erzeugt. Er ist ein Ausdruck von Aggression oder Dominanz. Durch das Zähneklappern imponiert oder droht der Eber und demonstriert seine Kraft. Auch Sauen zeigen kurz vor dem Angriff das sogenannte „Patschen".

patsch

patsch

patsch

patsch

patsch

DAS RIND

Rinder sind soziale Herdentiere. Die Individuen pflegen dabei enge Beziehungen zueinander. Die Laute geben Aufschluss über Alter, Geschlecht, Rangordnung und Fruchtbarkeitstatus des einzelnen Tieres. Rinder sind außerdem in der Lage, auf ihre Namen zu hören, zum Beispiel, wenn sie zum Melken gerufen werden. Wichtige weitere Kommunikationsmittel sind die Kopf- und Schwanzposition sowie unterschiedliche Gesichtsausdrücke. Dabei spielen die Hörner eine große Rolle.

Das Repertoire der Laute ist bei Rindern nicht sehr umfangreich. Es werden zwei Grundformen unterschieden: das Muhen und das (gutturale) Grunzen. Dennoch ist das eine „Muh" nicht gleich einem anderen „Muh". Eine Kuh, die fressen will, lässt einen anderen Laut hören, als wenn das volle Euter drückt oder die Brunst beginnt.

Zu den sozialen Situationen, bei denen Rinder Laute äußern, gehören Begrüßung, Isolation, der Kontakt zwischen Muttertier und Kalb sowie die Brunst. Außerdem muhen Rinder bei Schmerzen, Frustration, Hunger und Durst.

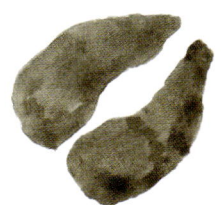

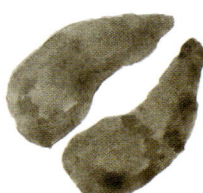

ENGER KONTAKT ZWISCHEN KUH UND KALB

Die Lautgebung zwischen Mutterkuh und Kalb dient dem Kontakterhalt.
Sind beide nah beieinander, muht die Mutter recht leise mit niederfrequenten
Tönen, vor allem in den ersten drei bis vier Lebenswochen des Kalbs.

Das Maul ist dabei geschlossen oder minimal geöffnet, sodass der Laut auch als „gutturales Grunzen" bezeichnet wird. Er ist etwa acht bis zehn Meter weit zu hören. Ähnlich wie bei der Mutterkuh, nur heller, klingt das Kälbergrunzen. Kälber lassen diesen Laut hören, wenn sie die Mutter suchen oder auf dem Weg zu ihr sind.

ENTFERNTER KONTAKT ZWISCHEN KUH UND KALB

MUUUUHH

Ein junges Kalb, das außer Sichtweite seiner Mutter gerät, wird lauter gerufen. Dabei hat die Mutter das Maul am Ende des Rufes geöffnet und gibt hochfrequentere Rufe ab. Nicht immer antwortet das Kalb, obwohl man weiß, dass es den Ruf der Mutter erkennt und von den Rufen fremder Muttertiere unterscheiden kann. Sofern das Kalb antwortet, nutzt es ebenfalls hochfrequente Töne. Der Klang dieses Blökens, das oft mehrfach wiederholt wird, hängt davon ab, wie alt ein Kalb ist.

BEGRÜSSUNG IN DER HERDE

Kommt ein erwachsenes, vor allem ranghohes Rind nach einer Isolation wieder zu seiner bekannten Herde, wird als Laut ein hohes, kurzes und einzelnes Muhen mit wenig geöffnetem Maul verwendet. Bei der Annäherung an fremde oder rivalisierende Artgenossen brüllen weibliche und männliche Rinder mit weit offenem Maul fünf- bis zehnmal in hoher Frequenz und sehr laut.

MUUHH

BULLEN
BEGEGNEN SICH

Ein Bulle brummt oder röhrt, wenn sich ein fremder Artgenosse nähert und wenn er auf Drohungen, Imponierverhalten oder Auseinandersetzungen reagiert. Der Laut erscheint dumpf guttural mit geschlossenem oder nur halb geöffnetem Maul, er erfolgt stoßweise und wird beliebig oft wiederholt. Er kann sich aber auch zu einem Brüllen mit weit offenem Maul und fünf- bis zehnmaliger Wiederholung steigern. Begleitet werden diese Laute durch Droh- und Imponiergesten wie etwa Scharren, Reiben von Kopf und Hals und das sogenannte Bodenhornen.

MuuUuhUuhh

KUH IN DER BRUNST

Mmuhuu

Muhh

Die erhöhte Konzentration von Östrogen löst bei Kühen Verhaltensänderungen aus. Es ist zu beobachten, dass sie andere Kühe bespringen und an deren Anogenitalregion schnuppern. Sie brüllen häufiger oder sind unruhig. Ein leichter Milchrückgang ist möglich. Am Tag der höchsten Fruchtbarkeit ist ein signifikanter Anstieg der Lautgebungen feststellbar. Brüllt ein weibliches Rind in hoher Intensität, kann man davon ausgehen, dass es gerade besonders fruchtbar ist.

BULLE
UMWIRBT KUH

Ein Bulle, der eine empfängnisbereite Kuh umgarnt, lässt leise, grunzende Geräusche hören. Das Maul bleibt dabei geschlossen. Dieser Brunftlaut ähnelt dem Spiellaut der Kälber und wird unmittelbar vor dem Deckakt eingesetzt.

mhhhhh

DAS SCHAF

Das Verhalten von Schafen ist bislang wenig erforscht. Es wird angenommen, dass Schafe als Beutetier die Kommunikation über Laute weniger nutzen als andere soziale Tiere. Die Anzahl der verschiedenen Lautäußerungen ist bei Schafen eher gering. Interessant ist, dass es Unterschiede in der Häufigkeit des Blökens bei verschiedenen Schafrassen gibt. Jakobschafe zum Beispiel blöken in der Regel häufiger als Border Leicester oder Soayschafe.

Vokalisationen werden als Erkennungssignale über große Entfernungen verwendet, insbesondere zwischen Mutter und Jungtier. Sofern sie sich in Sichtweite zueinander befinden, spielen die visuellen Informationen aber ebenfalls eine wichtige Rolle. Schafe blöken, wenn sie isoliert werden. Oft blöken zudem die Tiere domestizierter Rassen auch, wenn sie gefüttert werden. Die häufigste Lautäußerung ist jedoch zwischen Lamm und Muttertier zu hören. Dabei dient das Blöken nicht nur der Kontaktaufnahme zwischen Muttertier und Lamm, sondern dient auch der sozialen Bindung innerhalb der Herde. Das erklärt möglicherweise auch, dass Lämmer teilweise auf fremde Blöklaute anderer Mütter reagieren, wenn sie von der Herde getrennt werden.

MUTTERSCHAF BRUMMELT BEI GEBURT

Das leise Brummeln ist ein spezifischer Laut, der bei und nach der Geburt vom Muttertier abgegeben wird. Sobald das Lamm aus den Fruchthüllen befreit ist, fängt die Mutter an, es zu lecken und brummelt dabei mit geschlossenem Maul. Dies festigt die Bindung zwischen Mutter und Lamm. Bei Mehrlingsgeburten setzt die Mutter das Brummeln verstärkt ein.

Die Lautgebung des Lamms nach der Geburt ist weniger intensiv als die der Mutter, doch auch das Neugeborene blökt leise mit geschlossenem Maul. Die Aktivität der Lautäußerungen ist bei beiden in den ersten drei Stunden nach der Geburt am höchsten und nimmt etwa zwölf Stunden danach sichtlich ab. Für die visuelle und akustische Erkennung des Lamms braucht das Muttertier je nach Erfahrung sechs bis 24 Stunden. Innerhalb der ersten ein bis zwei Lebensstunden lernen Mutter und Lamm, sich auch über Geruch zu erkennen.

KONTAKTBLÖKEN ZWISCHEN SCHAF UND LAMM

In der ersten Lebenswoche entfernt sich das Lamm in der Regel nicht mehr als fünf Meter von der Mutter. Danach nimmt die Distanz schnell zu. Wird die Entfernung zur Mutter zu groß, nimmt es durch Blöken Kontakt zu ihr auf. Lämmer, die von der Mutter getrennt werden, blöken leiser, wenn ein Geschwisterlamm dabei ist.

Määääähhhhhh

Auch die Mutter ruft nach ihrem Lamm, das allerdings, je älter es wird, immer weniger antwortet. Man weiß, dass Lämmer eher auf eine Folge von Blöklauten reagieren als auf ein einzelnes Blöken. Zudem gibt es Hinweise darauf, dass ein eigenes Codesystem der Blökfrequenzen zur Wiedererkennung von Mutter und Lamm beiträgt.

SCHAF BLÖKT BEI TRENNUNG

Bäääääähhhh

Wird ein Schaf von anderen getrennt, steigen die Intensität der Lautgebung und die generelle Aktivität des Tieres an. Über die Entfernung wird durch lautes, mitunter langgezogenes und wiederholtes Blöken versucht, Kontakt zur Herde aufzunehmen. Oft ist zu beobachten, dass einzelne Herdenmitglieder ebenfalls blökend antworten.

BOCK UMWIRBT SCHAF

Bevor es zum Deckakt kommt, folgt der Schafbock den brünstigen Schafen, die er am Geruch ihres Urins erkennt. Dabei kann der Bock tiefe Brummelgeräusche abgeben. Insgesamt ist die Lautgebung aber viel dezenter als beim Ziegenbock. Das weibliche Schaf wird auf Schritt und Tritt vom Bock verfolgt und immer wieder mit dem Kopf gestoßen sowie berochen, bis es stehen bleibt und den Deckakt zulässt.

DIE ZIEGE

Domestizierte Ziegen sind Tiere, die sehr oft Laute hören lassen. Ziegen blöken dabei viel aktiver, wenn sie von ihrer Gruppe getrennt werden als Schafe. Eine Ursache dafür kann in ihrem ursprünglichen Habitat liegen. Ziegen suchen ihr Futter in eher unübersichtlichem Gelände, während Schafe mehr im Grünland grasen. So haben Ziegen von Natur aus mehr visuelle Barrieren zu überwinden als Schafe, die in der Regel einander sehen können und deshalb nicht so abhängig von der Kommunikation über Laute sind. Eine andere These ist: Ziegen sind einfach sozialer als Schafe und kommunizieren deshalb auch mehr, vor allem, wenn sie von Artgenossen getrennt werden. Dies wird untermauert durch vergleichende Beobachtungen von Schafen und Ziegen, die zeigen, dass Ziegen in einem bestimmten Zeitraum mehr sozial interagieren als Schafe.

Die Stimmen der Ziegen ändern sich im Laufe des Aufwachsens abhängig von Alter, Größe und Geschlecht. Die Unterschiede zwischen männlichen und weiblichen Tieren werden ab einem Alter von etwa vier Wochen deutlich. Die Grundfrequenz ist in positiven Situationen, etwa bei der Fütterung, tiefer als in negativen Situationen (zum Beispiel bei der Trennung von Artgenossen). Der sogenannte Notruf scheint durch Schmerzen ausgelöst zu werden oder dann, wenn die Jungtiere für längere Zeit der Herde fernbleiben.

Der häufigste Laut der Ziege ist der Kontaktruf zu Artgenossen über relativ kurze Distanz.

MUTTER UMSORGT DAS LAMM

Unmittelbar nach der Geburt stellen Ziegenmutter und Nachwuchs ihre Bindung zueinander her. Als Erstes erfolgt das Ablecken, aber schon wenige Minuten nach der Geburt beginnt das Lamm, leise mit geschlossenem Maul zu meckern. Die Mutter antwortet mit leisen brummelnden oder auch meckernden Lauten. Obwohl Ziegen sehr kommunikative Tiere sind, können Ziegenmütter bis zum vierten Tag nach der Geburt ihre eigenen Lämmer nicht von anderen Lämmern am Ruf unterscheiden. Mütter antworten daher auf das Blöken fremder Lämmer ebenso wie das ihrer eigenen. Nähert sich das Lamm und will trinken, wird es über den Geruch als fremd identifiziert und dann weggestoßen.

Mhhhh
Mhhhh

Mä hhhh

LAMM BLÖKT IN NOT

Die Kommunikation zwischen Ziegenmutter und Lamm ist lebenswichtig.
Über kurze Distanz erkennen sie einander in erster Linie über den Geruch.
Lämmer, die etwa zwei Meter oder mehr von der Mutter entfernt sind, geben
einen sogenannten Notblöker ab. Die Mutter reagiert mit orientierendem
Blöken, und beide finden wieder zusammen. Ziegenmütter erkennen ihre
Lämmer noch mehr als ein Jahr nach der Säugephase am Laut. Vermutlich
wird hierdurch Inzucht verhindert.

ZIEGE MECKERT BEI TRENNUNG

Die Trennung von Artgenossen wird bei Ziegen intensiv „kommentiert".
Das orientierende Blöken scheint der häufigste Ruf zu sein, der im
Wesentlichen dazu dient, den Kontakt zu Artgenossen beim Weiden
aufrechtzuerhalten. Einfache Kontaktrufe von etwa einer Sekunde
Dauer sind besonders üblich. Etwas länger und hochfrequent sind die
sogenannten Notrufe, die mit einem hohen Stresslevel verbunden sind.

Mä hähä

Mää hähä

BOCK UMWIRBT ZIEGE

Wenn ein Bock eine Ziege umwirbt, gibt er einen recht merkwürdigen Laut ab, der sich wie eine Mischung aus Meckern und Niesen anhört. Er reibt dabei seinen Kopf an der Ziege und streckt die Zunge heraus, um Pheromone des Weibchens aufzunehmen. Hinzu kommt der typische, intensive Geschlechts-geruch der Böcke, der die weiblichen Tiere beeindrucken soll. Er entsteht durch ein Sekret der Duftdrüsen am Hornansatz zusammen mit Urin, mit dem sich der Bock zur Paarungszeit vor allem im Kopf- und Brustbereich bespritzt.

Mä hh Mpfff

DAS PFERD

Pferde leben in unterschiedlich großen Gruppenverbänden und kommunizieren in erster Linie visuell, also viel über ihre Körperhaltung und ihren Gesichtsausdruck. Im Vergleich zu anderen Tieren wie zum Beispiel Schweinen nutzen sie die Lautgebung deutlich seltener. Zudem sind ihre Laute weniger variantenreich. Länge und Tonart des Wieherns variieren je nach Situation. Andere Laute wie das „Quietschen" und „Röhren" treten dagegen bei sehr konkreten Anlässen auf.

Gleichwohl umfasst das Hörvermögen von Pferden einen deutlich breiteren Frequenzbereich als das Hörvermögen von Menschen. Je größer und schwerer das Pferd, desto tiefer die Frequenz des Wieherns. Sie ist zudem bei Hengsten tiefer als bei Wallachen oder Stuten.

Das Wiehern ist die längste und lauteste Lautgebung und kann von Pferden bis zu einem Kilometer weit gehört werden. Am Wiehern erkennen Artgenossen, welches Geschlecht und welche Größe das Pferd hat und ob es zu einer bekannten oder fremden Gruppe gehört.

STUTE RUFT FOHLEN

h r r r rr

Das Blubbern der Pferde ist ein sozial orientierter Ruf, der in ganz unterschied-lichen Situationen auftritt. Viele Pferde blubbern zum Beispiel, wenn sie Futter erwarten. Bei Hengsten gehört der Laut zum Sexualverhalten beim Kontakt zur Stute. Stuten setzen das Blubbern ein, um ihr Fohlen zum Kommen aufzufordern oder vor einer möglichen Gefahr zu warnen.

TRENNUNG UND BEGRÜSSUNG VON ARTGENOSSEN

Heeee

eheh haww

Der charakteristischste Ruf des Pferdes, das Wiehern, ist sehr variantenreich in Frequenz, Dauer und Lautstärke. Das Maul ist üblicherweise geöffnet, die Nüstern sind geweitet, die Ohren und Augen sind nach vorn gerichtet. Pferde wiehern auch, wenn sie von Artgenossen getrennt sind. Der Laut dient zudem der Begrüßung anderer Pferde oder Bezugspersonen.

PFERD UNTERSUCHT FREMDES OBJEKT

Das Schnauben ist kein vokalisierter Laut, sondern wird durch das Vibrieren der Nüstern durch verstärktes Ausatmen in verschiedenen Abstufungen je nach Situation erzeugt. Pferde schnauben in verschiedenen Situationen: als Zeichen der Entspannung, oder wenn sie fremde Objekte untersuchen, aber auch wenn sie mit Artgenossen spielen. Teilweise ist das Schnauben reflexbedingt. So ist es provozierbar, wenn man die Innenseite der Nüstern kitzelt oder intensive Gerüche präsentiert.

pff ffffff

ZWEI STUTEN TREFFEN SICH

Vor allem Stuten untereinander quietschen bei abwehrenden Begrüßungsszenen. Als aggressiver Laut tritt er zwischen zwei Hengsten auf. Selten folgt das Quietschen als Schmerzreaktion.

sqiiieeeek

Die Ohren werden angelegt, oft ist der Kopf erhoben und nach hinten gezogen. Ein Hinterbein wird häufig angezogen und signalisiert die Bereitschaft, auszuschlagen. Das Quietschen kann sich bis zu einer Art Schrei steigern. Zu beobachten ist das Quietschen auch bei „Übermut", etwa wenn ein Pferd auf die Weide gelassen wird und buckelnd losrennt.

HENGST TRIFFT STUTE

Ist ein Pferd verunsichert, verärgert oder ängstlich, gibt es mitunter einen kehligen und tiefen Ton ab. Dieser Laut ist auch bei sexuell erregten Hengsten zu hören. Das Maul ist dabei geöffnet, und die Lautäußerung wirkt wie kräftig gehaucht.

whhh hh

DER ESEL

Das Verhalten von Eseln unterscheidet sich deutlich von dem von Pferden, auch wenn Esel gern mal als kleines Pferd gesehen werden. Esel werden weltweit als Schutztiere für Wiederkäuer wie Schafe, Ziegen und Lamas oder als Hoftiere gehalten. Sie dienen als Gesellschaftstiere oder sind Showtiere, Reittiere und Lastentiere. Auch für die Maultierzucht werden Esel eingesetzt.

Oft werden Esel grob behandelt, da sie nur sehr dezent Zeichen von Schmerzen zeigen. Viele Aspekte des Verhaltens von Eseln und ihrer kognitiven Fähigkeiten sind bislang schlecht erforscht. Esel sind intelligente Tiere, deren „Fight and Flight"-Taktik, also die Entscheidung zwischen Angriff und Flucht, sich von derjenigen bei Pferden grundsätzlich unterscheidet.

Die soziale Organisation von Eseln hängt von ihrer Umwelt ab. In der Regel ist die natürliche Umgebung von Eseln sehr karg und wasserarm. Sie leben in kleineren Gruppen, als Paare oder allein. Hengste verteidigen das Territorium vor anderen Hengsten. Esel äußern im Vergleich zum Pferd wenige Laute – aber wenn, dann wird es richtig laut. Nur wenige Arten im Tierreich „iahen", lassen also die typische Vokalisation während des Ein- und Ausatmens hören. Neben dem bekanntesten, dem Esel, machen auch Zebras und der Afrikanische Pinguin „Iah"-Geräusche, die auf der Lautgebung während der Ein- und Ausatemphase beruhen.

KONTAKTAUFNAHME ZUR BEGRÜSSUNG

Produziert wird der Iah-Laut (engl.: „Heehaw") durch Einatmen (the hee) und stetiges Ausatmen (the haw). Er ist überwiegend bei männlichen Tieren zu hören. Der Laut tritt in Serien auf, die von Tier zu Tier etwas variieren und gegen Ende des Rufes kürzer werden, wenn langsam „die Luft ausgeht".
Das Iahen kann über eine Entfernung von drei Kilometern zu hören sein und wird sowohl beim Aufeinandertreffen als auch vor und nach der Paarung sowie als Drohgebärde eingesetzt. Ein Fohlen, das seine Mutter verloren hat, iaht ebenso wie die Eselstute, wenn sich ihr Fohlen zu weit von ihr entfernt.

AAAAH

HENGST UMWIRBT STUTE

Die Vokalisation des Hengstes spielt offenbar eine Schlüsselrolle in der Initiierung der Phase vor der eigentlichen Paarung. Begegnen sich Hengst und Stuten, gibt der Hengst einen Laut ab und sucht sich aus einer Gruppe eine Stute aus.

IH
AAAAH
IH
AAAH
IH
AAH

Selten gibt auch die Stute Laute ab. Ist die Stute paarungsbereit, bleibt sie
stehen und fängt an zu schmatzen.

DIE ARCHE WARDER

Die Arche Warder ist weltweit der größte Tierpark für seltene und vom Aussterben bedrohte Nutztierrassen. Mit einem klaren wissenschaftlichen Konzept nimmt die Arche Warder eine wichtige Funktion bei der Erhaltung von seltenen Nutztierrassen ein. Auf 40 Hektar Parkgelände mit artgerechten und ästhetisch gestalteten Anlagen sowie auf diversen Satellitenstationen leben rund 1.100 Tiere aus mehr als 90 verschiedenen Rassen. Die Arche Warder verfolgt bei ihrem Einsatz zum Erhalt der biologischen Vielfalt sechs Ziele:

1. Schutz durch Erhaltungszucht

Auf der Basis einer exakten Zucht- und Managementstrategie gilt es, die Tiere in ihren rassetypischen Eigenheiten zu erhalten. Für Rassen mit ausreichendem Bestand werden zudem Vermarktungswege entwickelt.

2. Schutz durch Satellitenstationen

Viele Tiere aus dem Arche-Bestand sind auf diversen Außenflächen mit insgesamt 150 Hektar ausgelagert worden. So leben zum Beispiel Skudden im Wikingermuseum Haithabu bei Schleswig. Auf diese Weise kann man die Individuenzahl erheblich erhöhen und die genetische Vielfalt erweitern. Außerdem dient die regional getrennte Haltung als Vorsichtsmaßnahme für den Fall von Tierseuchen.

3. Schutz durch anspruchsvolle Bildungsangebote

Der Park ist ein lebendes Museum, das die Rolle der Nutztiere für die kulturelle Entwicklungsgeschichte des Menschen anschaulich vermittelt. Auch die Besonderheiten alter Rassen für die ökologische Landwirtschaft und den Naturschutz werden spannend erklärt. Seit 2023 lädt das Besucherzentrum „Domesticaneum" mithilfe eines modernen Ausstellungskonzepts auf eine Zeitreise durch die gemeinsame Geschichte des Menschen und seiner Haustiere ein.

4. Schutz durch Vernetzung mit Institutionen

Zum Austausch von Informationen und Erfahrungen sowie zum Tausch von seltenen Tieren pflegt die Arche Warder unter anderem Kontakte zu Naturschutzstiftungen, Zoos, Tierparks, Herdbuchzüchtern und anderen Archehöfen oder Verbänden. Ferner steht sie im fachlichen Diskussionsaustausch mit politischen Parteien in Schleswig-Holstein und auf Bundesebene.

5. Schutz durch Forschung

In Zusammenarbeit mit verschiedenen Universitäten und Forschungseinrichtungen aus Deutschland werden die physiologischen Besonderheiten alter Nutztierrassen mit modernen wissenschaftlichen Methoden untersucht und publiziert.

6. Schutz durch Erhalt der einheimischen Biodiversität

Der nach ökologischen Kriterien gestaltete Landschaftstierpark ist so angelegt, dass er zahlreichen wilden Tier- und Pflanzenarten neue Mikrohabitate bietet (zum Beispiel Teiche, Knicks, Bauminseln, Trockenrasen). Unterstützt wird dies durch die ganzjährige Bereitstellung von Nisthilfen und Fütterungsplätzen für Wildvögel. Zudem sind die diversen Satellitenstationen zum überwiegenden Teil als extensive Flächen in Form einer naturnahen Bewirtschaftung angelegt.

Arche Warder
Zentrum für alte Haus- und Nutztierrassen e.V.
Langwedeler Weg 11
24646 Warder
www.arche-warder.de

KURZPORTRAITS DER ILLUSTRIERTEN TIERRASSEN

HAMBURGER HUHN

Diese aus Großbritannien stammende Rasse verdankt ihren Namen der früher üblichen Verschiffungsroute über den Hamburger Hafen. Die robusten Hamburger Hühner gibt es in sieben Farbschlägen. Der Rosenkamm mit Dorn ist ein besonderes Merkmal.

VORWERKHUHN

Das hübsche Vorwerkhuhn mit seinem goldgelben Rumpfgefieder sowie schwarzem Kopf und Schwanz ist ausgesprochen gutmütig; selbst die Hähne vertragen sich untereinander. Die Rasse wurde Anfang des 20. Jahrhunderts vom Hamburger Kaufmann Oskar Vorwerk gezüchtet.

SUNDHEIMER HUHN

Aus dem badischen Sundheim stammt diese Rasse. Die erste Züchtervereinigung für Sundheimer wurde 1886 gegründet. Ziel war, ein gutes Zweinutzungshuhn zu züchten, also ein Huhn, das leicht zu mästen und schnell wachsend ist und außerdem viele Eier legt.

AUGSBURGER HUHN

Die Besonderheit dieser einzigen rein bayerischen Hühnerrasse ist der Kamm, der einer Krone oder einem Becher ähnelt. Bis in die 1960er-Jahre war das Augsburger Huhn in seiner Heimatregion stark verbreitet. Im Zuge der Konzentration auf Hochleistungsrassen geriet es fast in Vergessenheit.

POMMERNGANS

Diese stattliche Gänserasse wurde ursprünglich auf der Insel Rügen gezüchtet. Alten Quellen zufolge gab es schon in Zeiten des Römischen Reichs schwere Gänseschläge in Pommern. Durch gezielte Auslese gelang es, die Gans immer größer zu züchten.

UNGARISCHE LOCKENGANS

Die aus Südosteuropa stammende Lockengans wirkt dank ihrer Federstruktur besonders flauschig, und tatsächlich werden ihre Federn gern als Füllmaterial verwendet. Der feste Federkiel reicht nur bis kurz über die Haut, dann wird er weich, spaltet und verdreht sich.

KURZPORTRAITS DER ILLUSTRIERTEN TIERRASSEN

ANGLER SATTELSCHWEIN

In der kleinen Region Angeln im Norden Schleswig-Holsteins liegen die Wurzeln dieser Schweine mit dem weißen Gürtel über Schulter und Vorderläufe. Einst war die Nachfrage nach den anspruchslosen Schweinen sehr groß.

TUROPOLJE SCHWEIN

Diese Schweine aus den Save-Auen in Kroatien sind ausgezeichnete Schwimmer, sie tauchen sogar nach Wasserpflanzen. Die Rasse entstand Ende des 18. Jahrhunderts, als dunkle Eber aus England mit kroatischen weiß-grauen Siska-Schweinen gekreuzt wurden.

ROTES MANGALITZA WOLLSCHWEIN

Eine der drei noch bestehenden Mangalitza-Rassen aus Ungarn ist das Rote Wollschwein. Die dichte Behaarung schützt die Tiere vor Kälte. Bei Hitze brauchen sie unbedingt eine Möglichkeit zum Suhlen.

ANGLER RIND

Dieses Rind aus Schleswig-Holstein ist ein guter Milchlieferant, kann aber mit modernen Hochleistungsrassen nicht mithalten. Dafür ist sein Fleisch zart und feinfaserig. Die guten Eigenschaften wurden auch im Ausland erkannt, wo Angler Rinder in viele heimische Rassen eingekreuzt wurden.

TELEMARK-RIND

Diese älteste norwegische Rinderrasse war früher in ihrer Heimat eine Art Nationalsymbol. Wie andernorts auch wurde das milchbetonte Zweinutzungsrind nach und nach durch andere Rinderrassen, die mehr Milch gaben, verdrängt.

ENGLISCHES PARKRIND

Diese sehr ursprüngliche Rasse wurde bereits ab dem 12. Jahrhundert nachweislich halbwild in englischen Parks gehalten. Sie diente dem Adel als Jagdwild. 1940 wurden ein Bulle und fünf Kühe in die USA exportiert, um sie als britisches Kulturgut vor den Nazis zu sichern.

KURZPORTRAITS DER ILLUSTRIERTEN TIERRASSEN

BENTHEIMER LANDSCHAF

Diese Schafe zeichnen sich durch Genügsamkeit und Lauffreude aus. In den 1970er-Jahren gab es nur noch wenige Zuchttiere. Inzwischen haben Züchter und Naturschützer den Wert der robusten Landschaftspfleger erkannt. Der Bestand hat sich etwas erholt.

UNGARISCHES ZACKELSCHAF

Charakteristisches Merkmal sind die korkenzieherartig gedrehten Hörner. Bei Böcken können sie bis zu einem Meter lang werden. Die Rasse stammt aus Ungarn, wo die grobe Wolle früher zur Herstellung von wetterfesten Pelzmänteln für die Hirten verwendet wurde.

HOUTLAND-SCHAF

Dieses belgische Schaf ist für die ganzjährige Haltung im Freiland geeignet und war einst vor allem für seine Fleischqualität begehrt. Zwillings- und sogar Drillingsgeburten kommen bei dieser Rasse häufig vor.

BULGARISCHE SCHRAUBENHÖRNIGE LANGHAARZIEGE

Die besonders geformten Hörner sind bei dieser Rasse ein echter Blickfang. Die Tiere waren vor allem im Balkangebirge beliebt für ihre Milch, ihr Fleisch und ihre Wolle. In ihrer Heimat sind sie heute nur noch sehr vereinzelt zu finden. In Deutschland gibt es einige Züchter.

THÜRINGER WALDZIEGE

Als „Kuh des kleinen Mannes" lieferten Ziegen im Thüringer Wald jahrhundertelang nahrhafte Milch. Ende des 19. Jahrhunderts wurden Schweizer Toggenburger Ziegen eingekreuzt. 1988 kreuzte man erneut Toggenburger mit den restlichen 150 Thüringer Waldziegen.

GIRGENTANA-ZIEGE

Mit einer relativ hohen Milchleistung punktete die Girgentana-Ziege einst in ihrer Heimat, dem westlichen Sizilien. Hochleistungszuchten verdrängten die Rasse, deren Fortbestand nur durch den Einsatz engagierter sizilianischer Familien gesichert werden konnte.

KURZPORTRAITS DER ILLUSTRIERTEN TIERRASSEN

SCHLESWIGER KALTBLUT

Diese mittelschwere Arbeitspferde-rasse wurde für den Einsatz in Land- und Forstwirtschaft gezüchtet. Sie basiert auf dem dänischen Jütländer, einer Rasse, die schon im Mittel-alter als Streitross eingesetzt wurde. Später zogen die Schleswiger auch Brauereiwagen, Omnibusse, Straßen-bahnen und militärisches Gerät.

ALT-OLDENBURGER

Nervenstark und kräftig – mit diesen Eigenschaften punktete der Alt-Oldenburger seit Ende des 17. Jahr-hunderts. Das schwere Warmblut mit viel Schub aus der Hinterhand war perfekt für den Einsatz vor der Kutsche, in der Landwirtschaft und in der Armee geeignet. Die techni-sche Entwicklung führte zur starken Gefährdung der Rasse.

KONIK

Die planmäßige Zucht dieser alten polnischen Rasse begann erst nach dem Ersten Weltkrieg mit dem Ziel, ein graufalbfarbenes Pferd zu züchten, das dem ausgestorbenen europäischen Wildpferd (Tarpan) möglichst ähnelt. Heute werden Koniks in der Landschaftspflege und als Freizeitpferde eingesetzt.

POSAVINA

Mit ihren großen, breiten Hufen sind diese kleinen Kaltblüter per-fekt an ihre Heimat, die sumpfigen Save-Auen in Kroatien, angepasst. Die arbeitswilligen Pferde wurden gegen Ende des 19. Jahrhunderts unter anderem zum Ziehen von Straßenbahnen in Wien und Buda-pest eingesetzt.

BAROCKESEL

Diese Esel mit dem fast weißen Fell und den blauen Augen sind keine Albinos, sondern wurden gezielt auf die Farbe gezüchtet. Im 17. und 18. Jahrhundert war dies eine echte Besonderheit. Barockesel dienten weniger als Arbeitstiere, sondern vor allem zur Unterhaltung wohl-habender Familien.

POITOU-ESEL

Die französische Eselrasse zieht aufgrund ihres langen Zottelfells die Blicke auf sich. Sie diente früher vor allem der Zucht von Maultieren, also den unfruchtbaren Nachkom-men einer Pferdestute und eines Eselhengstes. Die Maultiere zogen zum Beispiel die schwere Artillerie in den napoleonischen Kriegen.

MITWIRKENDE

Prof. Dr. Dr. Kai Frölich
Biologe und Veterinärmediziner
Direktor des Tierparks Arche Warder e.V.
Gastprofessor der Universität Hildesheim

Anja Germanova
Typografin und Buchgestalterin

Dr. Anabell Jandowsky
Veterinärmedizinerin
Leitung Tiermedizin im
Tierpark Arche Warder e.V.

Anneke Fröhlich
Journalistin (Texterstellung, Redaktion,
Lektorat und Korrektorat)

Elise Breitsprecher
Illustratorin

Eckhard Voß
Geschäftsführer des
DIE SEITE-Verlags in Eckernförde

TIPPS ZUM WEITERLESEN

Erich Baeumer. Lebensart des Haushuhns, dritter Teil – über seine Laute und allgemeine Ergänzungen. Zeitschrift für Tierpsychologie 1962; 19: 394–416

Nicholas Collias, Martin Joos: The Spectrographic Analysis of Sound Signals of the Domestic Fowl. Behaviour 1953; 5 (3), 175–188

Angela D. Friederici. The neural basis for human syntax: Broca's area and beyond. Current Opinion in Behavioral Sciences 2018; 21: 88–92

Kai Frölich, Susanne Kopte. Alte Nutztierrassen. Cadmos 2016.

GEO Kompakt 24/2010: Wie der Mensch die Erde eroberte. Woher er kam, welche Wege er nahm und weshalb er so erfolgreich war

Anton Grauvogl: Über das Verhalten des Hausschweines unter besonderer Berücksichtigung des Fortpflanzungsverhaltens. Dissertation an der FU Berlin, 1958

Marthe Kiley. The vocalizations of ungulates, their causation and function. Zeitschrift für Tierpsychologie 1972; 31 (2): 171–222

Robert Schloeth. Das Sozialleben des Camargue-Rindes. Zeitschrift für Tierpsychologie 1961; 18: 574–627